AF455436

SOCIÉTÉ IMPÉRIALE
ZOOLOGIQUE
D'ACCLIMATATION

RAPPORT
SUR LES ÉTUDES ET RECHERCHES
A FAIRE
EN CHINE
ET AU JAPON
DANS L'ORDRE DES TRAVAUX DE LA SOCIÉTÉ

PAR UNE COMMISSION COMPOSÉE

De MM. Aug. Duméril, *président*, le vice-amiral comte Cécille, E. Cosson, Dareste, Guérin-Méneville, De Maisonneuve, De Montigny, Pagès, Pepin, Natalis Rondot, Vilmorin, Yvan,

et Joseph MICHON, rapporteur.

EXTRAIT DU BULLETIN DE LA SOCIÉTÉ IMPÉRIALE D'ACCLIMATATION.

PARIS
AU SIÉGE DE LA SOCIÉTÉ, RUE DE LILLE, 19
(HÔTEL LAURAGUAIS).
1860

EXTRAIT DES RÈGLEMENTS

DE LA SOCIÉTÉ IMPÉRIALE ZOOLOGIQUE D'ACCLIMATATION.

Le but de la Société est de concourir :

1° A l'introduction, à l'acclimatation et à la domestication des espèces d'animaux utiles ou d'ornement ;

2° Au perfectionnement et à la multiplication des races nouvellement introduites ou domestiquées.

Elle s'occupe aussi de l'introduction et de la multiplication des végétaux utiles.

La Société confie aux membres qui en témoignent le désir les animaux dont elle dispose, mais elle conserve sur ces animaux et sur leurs produits tous les droits de propriétaire. Toutefois, quand le Conseil jugera que la reproduction d'une espèce est assurée, il pourra en remettre un ou plusieurs individus aux divers membres de la Société.

Les membres auxquels il est distribué des graines, bulbilles, tubercules ou plants de végétaux, ou des œufs d'oiseaux, de poissons ou de vers à soie, sont tenus de mettre à la disposition de la Société une partie des produits qu'ils auront obtenus. Dans tous les cas aussi, les membres devront faire connaître à la Société les résultats de leurs essais.

Le recueil périodique des travaux de la Société est gratuitement délivré à chaque membre, à partir du 1er janvier de l'année de son admission. (Les membres ont la faculté d'acquérir, à un prix réduit, 9 francs, chacun des volumes antérieurement publiés.)

Pour faire partie de la Société, on devra être présenté par trois membres sociétaires, qui signeront la proposition de présentation, et être admis à la majorité absolue des membres du Conseil.

Chaque membre paye :

1° Un droit d'entrée fixé à 10 francs ; 2° une cotisation annuelle de 25 francs, qui peut être remplacée par une somme de 250 francs une fois payée.

La Société reconnaît des *sociétés affiliées* et des *sociétés agrégées*.

RAPPORT

SUR LES ÉTUDES ET RECHERCHES

A FAIRE

EN CHINE ET AU JAPON

DANS L'ORDRE DES TRAVAUX DE LA SOCIÉTÉ IMPÉRIALE ZOOLOGIQUE D'ACCLIMATATION

Messieurs,

La Société impériale zoologique d'acclimatation a étudié, depuis plusieurs années, les diverses productions de l'Asie orientale; elle a amassé avec soin tous les renseignements qu'elle a pu recueillir sur ces pays, dont le littoral est seul connu des Européens, et dont l'intérieur a jusqu'ici refusé de s'ouvrir à eux. Savants, voyageurs, missionnaires, diplomates, tous ont été mis à contribution, et tous, la Société est heureuse de les remercier ici, ont répondu avec la plus bienveillante activité à ce patriotique appel.

En 1857, sur la demande de l'amiral français commandant la station de Chine, M. Rigault de Genouilly, une première note a été rédigée et remise, non-seulement à celui pour qui on l'avait écrite, mais encore à plusieurs voyageurs allant en Chine et au Japon.

Il y a quelques mois, la commission qui vous apporte aujourd'hui le résultat de ses recherches rassemblait, à la hâte, quelques-uns des documents les plus importants, qu'elle résumait en un aperçu de quelques lignes; ce premier aperçu était destiné à deux de nos correspondants qui veulent associer au commerce qu'ils vont faire au Japon, des travaux d'histoire naturelle et d'acclimatation.

Les chefs des différents services qui composent l'expédition envoyée en Chine par le gouvernement français, M. l'amiral Charner, commandant supérieur de l'expédition, membre honoraire de la Société ; M. Poggiale, inspecteur du service de santé de l'armée ; M. Reynaud, inspecteur du service de santé de la marine, membre de la Société, et nos confrères, M. le comte d'Escayrac de Lauture et M. Simon, chargés par le gouvernement de missions scientifiques, ont bien voulu offrir leur concours à la Société. Ils trouveront dans l'exposé qui suit le tableau de nos désirs et de nos besoins.

Il nous semble superflu d'insister sur les richesses de l'empire chinois ; les récits des voyageurs modernes, plus précis de faits et de science, ne le cèdent pas aux descriptions du père du Halde.

Il vaut mieux, ce nous semble, jeter un rapide coup d'œil sur les relations européennes avec la Chine, et retracer en peu de mots leur histoire en ce qui nous concerne.

Les Russes, par le continent asiatique, furent les premiers qui ouvrirent commerce avec les Chinois : « Longtemps leurs tentatives furent inutiles ; enfin, en 1654, le premier plénipotentiaire russe arriva à Péking (1). » Pendant un siècle, la Russie y envoya régulièrement des caravanes ; mais, en 1762, la défiance des Chinois et « la mauvaise conduite des domestiques russes occasionnant des mésintelligences, » Catherine II supprima les caravanes impériales.

Malgré ce refroidissement des relations entre Pétersbourg et Péking, les Russes sont restés le peuple que les Chinois craignent le moins de recevoir chez eux. Des voyageurs russes se sont pour plusieurs années établis en Chine, et en ont rapporté divers objets qui intéressent l'acclimatation. L'année dernière, nous avons reçu de notre confrère le président de la Société d'acclimatation de Moscou une collection de plantes de Chine, récoltées par un voyageur russe dans un jardin qu'il avait lui-même cultivé en ce pays. Plantes alimentaires, plantes d'agré-

(1) Voy. Klaproth, *Commerce de la Russie avec la Chine*, 1823.

ment étaient en grand nombre, et il ne manquait, on peut le dire, à cette collection que les renseignements nécessaires pour en tirer parti.

Nous ne parlerons pas les Hollandais, qui ont fait par mer ce que les Russes ont fait par le continent. Leurs musées témoignent de leurs relations avec la Chine et le Japon. Mais ils n'ont rien fait, que nous sachions, pour l'acclimatation.

Les Anglais, depuis plus d'un siècle, font de grands efforts pour s'ouvrir le Céleste-Empire; l'expédition actuelle prouve abondamment qu'ils n'ont encore que médiocrement réussi. Il serait cependant injuste de passer sous silence la part très active que prit la Compagnie anglaise des Indes à l'établissement de relations avec les Chinois. Le commerce fut sans doute son but principal, et par des échanges elle fit parvenir en Europe la plupart des produits chinois; mais elle s'occupa aussi des richesses agricoles, et elle établit des jardins où l'on cultiva un grand nombre de plantes. Cette longue et fructueuse série de tentatives de la part des Anglais a été couronnée par le voyage de M. Fortune. Ce voyageur, chargé d'une mission par la Société d'horticulture de Londres, partit pour la Chine en 1843, y séjourna trois ans, et en rapporta plusieurs plantes qui végètent aujourd'hui sous le climat de Londres, telles que le citronnier *Kum Quat* et le *Fortunea sinensis;* il en rapporta surtout de précieuses notions sur l'agriculture chinoise, qu'il publia en 1848. La commission s'est souvent inspirée de ce travail.

La France a aussi sa place dans cette histoire. Notre Compagnie des Indes, moins heureuse que sa rivale, essaya d'établir des échanges avec l'empire chinois : avec elle tomba cet essor de notre pays vers l'extrême Orient. Mais lorsque la France se fut reposée des agitations du premier Empire, elle tourna de nouveau les yeux de ce côté. Les consuls français favorisèrent toute importation de produits chinois en France, et le roi Louis-Philippe fit venir plusieurs fois à grands frais des végétaux dont il essaya l'acclimatation.

L'expédition de M. de Lagrenée rapporta une collection d'objets précieux dont nous avons eu sous les yeux le catalogue, et qui atteste à la fois la richesse du pays où elle fut faite et l'intelligence de ceux qui la choisirent. Cette collection était destinée au commerce et non à l'agriculture. Nous avons le regret de ne pouvoir en faire ici l'inventaire.

Enfin, le rapporteur de la Commission voudrait pouvoir vous parler des éminents services rendus par l'amiral Cécille, cet infatigable explorateur à qui nous devons des produits non-seulement de la Chine, mais de toutes les parties du monde ; par le commandant de Maisonneuve et le capitaine Geoffroy ; par M. Natalis Rondot, dont les beaux travaux et les savantes communications nous ont rendu presque familière cette région mal connue ; par M. de Montigny, qu'il suffit de nommer. Mais le rapporteur ne saurait oublier qu'il n'est ici que leur interprète, et que sa parole n'a de valeur que par leur autorité.

Les difficultés qui arrêtent les voyageurs, dès qu'ils s'éloignent du littoral, nous font penser qu'il serait complétement impossible aux membres de l'expédition de Chine les plus empressés pour la cause de l'agriculture et de l'acclimatation, de recueillir par eux-mêmes et les renseignements et les produits dont ils ont à cœur de nous enrichir, et ce n'est que par des intermédiaires qu'ils pourront mettre à profit le zèle qui les anime.

A qui devront-ils s'adresser? Peut-être, lorsqu'ils seront entrés en relation avec les Chinois, pourront-ils obtenir d'eux quelques renseignements utiles ; c'est même d'un mandarin, homme versé dans l'industrie, que les Européens recueillirent des données positives sur la fabrication des porcelaines. C'est ainsi que nous est parvenu le traité sur cet art, si bien traduit par M. Stanislas Julien. Peut-être pourront-ils recevoir des riches amateurs de jardins les essences qu'ils cultivent. Le moyen à la fois le plus sûr et en même temps le plus grand serait de leur offrir en échange quelques-unes des richesses horticoles de l'Europe dont ils se montrent curieux. Par là, notre Société accomplirait, même en Chine, son double but ; par là, elle établirait son caractère d'universalité en rendant à la Chine les bienfaits qu'elle reçoit d'elle.

Il y a en Chine des Européens dont il ne nous appartient pas de dérouler les héroïques annales, mais auxquels nous devons payer ici un juste et public tribut de reconnaissance. Est-il besoin de nommer les missionnaires? C'est d'eux, lorsque ce n'a pas été de M. de Montigny, que la Société a reçu, à plusieurs reprises (1), des lettres sur l'agriculture chinoise, des animaux domestiques, de précieux vers à soie, des plantes de toute sorte. Nous pensons que MM. les membres de l'expédition de Chine feront bien de s'adresser à eux pour toutes les questions d'acclimatation. Si les missionnaires trouvent des bourreaux, ils font aussi des disciples, et ils peuvent, confiants dans la bonne foi de leurs néophytes, nous procurer les objets dont nous avons besoin, sans craindre d'être trompés.

Nous ne voulons pas renouveler ici le procès si souvent intenté à la bonne foi chinoise; les commerçants qui ont de grandes affaires en ce pays se lèveraient pour la défendre : cependant nous voulons prémunir les voyageurs contre une fraude assez souvent commise par les horticulteurs chinois, au préjudice des amateurs européens, auxquels ils vendent volontiers des graines qui ont perdu leurs propriétés germinatives. Lors même que le client n'est pas très versé en botanique ou qu'il ne peut par lui-même vérifier toute la livraison, il se glisse des erreurs volontaires même sur l'espèce vendue. Qu'il suffise d'un exemple : M. de Montigny fit acheter des graines de fleurs pour madame la duchesse d'Orléans; on sema ces graines avec grand soin, et elles ne produisirent en France que de fort médiocres légumes.

La température des différentes contrées de la Chine est la première étude au point de vue de l'acclimatation.

M. d'Hervey Saint-Denis, dans un livre auquel nous avons bien souvent eu recours, rassemble quelques observations climatologiques. Empruntant successivement des tableaux ou des renseignements à Robert Fortune, à sir Everard Home, à M. Ball, au R. P. Carpina, il construit un tableau comparatif de la température moyenne pour une même latitude en Orient

(1) Voy. *Bulletin*, 1856, Lettres de Mgr Verroles et de M. l'abbé Guierry; 1858, Lettres de Mgr Perny et de M. l'abbé Bertrand.

et en Occident. Mais, comme il le fait remarquer lui-même, ce n'est là qu'un à peu près, et nous aurions besoin de plus amples et de plus précis renseignements. Les voyageurs pourront observer eux-mêmes; ils pourront demander aux personnes qui ont séjourné en Chine le relevé de leurs observations, et, par la comparaison du climat de la Chine avec celui de notre Europe, juger de prime abord s'ils doivent ou non, dans telle ou telle contrée, recueillir et nous envoyer tel animal ou telle plante.

L'orographie mérite aussi l'attention, car elle se relie intimement à l'étude du climat.

Les récits des voyageurs s'accordent à représenter la Chine comme extrêmement riche en cours d'eau; de là des irrigations, des inondations salutaires qui donnent, jusqu'à un certain point, un aspect spécial à l'agriculture, et qui sont peut-être une condition essentielle à la vie des plantes qu'elles abreuvent.

Enfin la distribution des pluies par saison continue ou par intermittence est encore un élément important de la question.

Après l'étude du climat, il en est une autre qui n'intéresse pas seulement l'acclimatation, mais qui néanmoins la domine. Nous voulons parler de l'économie agricole.

L'état de l'agriculture, la plus ou moins grande perfection des instruments, le mode de formation des engrais et leur distribution, enfin la nature même du sol, calcaire, granitique, argileux ou volcanique, méritent de longues et sérieuses observations.

Les différentes applications des produits de l'agriculture à l'alimentation et à l'industrie sont encore de fertiles sujets d'études.

La Chine est prodigieusement peuplée, et bien que la nourriture animale lui vienne en grande partie du nord, bien même qu'elle reçoive du riz de l'Archipel indien, riz qui du reste est consommé à peu près exclusivement sur le littoral, elle ne nourrit pas moins par elle-même ses habitants. C'est une preuve, si nous n'en avions pas mille autres, qu'elle est bien cultivée. Mais encore comment les nourrit-elle?

Ici, comme pour le climat, il semble indispensable de partager le pays en plusieurs zones : une zone du nord, aux vastes espaces où vivent des troupeaux, où la main de l'homme semble effacée ; une zone du sud, véritable fourmilière humaine, où la petite culture est seule possible, témoignant partout de l'industrieuse activité de l'homme aux prises avec la nature depuis bien des siècles.

C'est dans les provinces que l'on peut vraiment étudier l'agriculture chinoise ; c'est là, malgré quelques exceptions, que l'on peut saisir le caractère de cette agriculture justement célèbre.

Il est évident qu'elle fournit beaucoup de produits bruts, pour répondre à une nécessité première et impérieuse, celle de faire vivre les agriculteurs ; mais il y a une grande différence entre le revenu brut et le revenu net, qui sont loin d'être dans un rapport constant. Dans ces pays, le travail est compté pour presque rien, parce que la plus grande partie de ceux que la terre nourrit la cultivent, parce que ce travail est suffisamment rémunéré par la nourriture que l'ouvrier en retire, parce qu'enfin cette classe innombrable d'artisans, sous une oppression despotique à la fois de l'État et des classes privilégiées, n'a d'autre ambition que d'obéir, d'autre destinée que de travailler et d'autre jouissance que de vivre.

L'agriculture et l'agriculteur, Dieu merci, ne sont pas dans les mêmes conditions en Europe, et surtout en France. Le travail y est volontaire, et par conséquent le salaire est forcé. L'industrie fait concurrence à l'agriculture ; elle lui enlève peu à peu des bras, et comme l'industrie multiplie par des machines la force humaine, elle peut pour ainsi dire multiplier, par le travail accompli, la main-d'œuvre de l'ouvrier. Jusqu'à ce jour, l'agriculture n'a pas pu multiplier ainsi la force ; le salaire qu'elle donne ne peut pas augmenter dans les mêmes proportions, et il résulte de là que l'agriculture, en Europe, doit surtout éviter la main-d'œuvre. En Chine, il y a moins de terre que de cultivateurs ; en Europe, il y a moins de cultivateurs que de terre, et c'est le cas d'appliquer cet axiome économique, que la rareté fait la valeur. On voit que non-seulement il n'y a pas ressemblance, mais qu'il y a jusqu'à un certain point antagonisme dans les conditions agricoles des deux pays.

Voulons-nous dire par là que nous ne pouvons rien emprunter à l'agriculture chinoise? Loin de nous cette pensée; et d'ailleurs l'expérience aurait déjà donné plusieurs démentis à la théorie. De ce que la main-d'œuvre a moins de valeur en Chine qu'en France, est-ce à dire que toutes les plantes de l'agriculture chinoise nécessitent une main-d'œuvre que nous ne pourrions pas leur donner? Nous ne le croyons pas; mais nous voulons prémunir les amis de la sage acclimatation contre la cause la plus fréquente des échecs. Nous voulons qu'en recherchant des végétaux utiles, ils n'aient pas seulement en vue l'utilité qu'on en peut tirer, mais qu'ils considèrent bien dans quelles conditions ces végétaux sont utiles, à quel prix; en un mot, que, descendant dans la pratique, ils supputent si la dépense n'excède pas le revenu.

L'utilité n'est que le rapport entre la quantité de la chose et le besoin du consommateur. Par conséquent, on devra juger de l'utilité pour nous, non pas de l'utilité pour les Chinois. Prenons un exemple. La Chine a un grand nombre de vers à soie; de là des soies de qualités différentes. Il en est que nous n'avons pas, et qui pour nous seraient une inestimable richesse; mais il en est aussi qui ont d'autant plus de valeur en Chine que les Chinois ne savent pas profiter des laines riches qui leur viennent du nord. Les insectes qui produisent cette soie, pour peu qu'ils demandent des soins délicats, soutiendraient-ils la concurrence de nos manufactures de laines?

La Commission attache une grande importance à ces considérations générales; elle les regarde même comme la partie principale de son travail, en ce qu'elle s'adresse spécialement ici aux hommes éminents à qui ce travail est destiné. D'autres voyageurs pourront recueillir des plantes, ramener des animaux; mais un examen qui touche aux plus hautes questions sociales ne pouvait être confié avec un légitime espoir de succès qu'à cette expédition, qui compte tant d'hommes d'élite dans différentes branches des connaissances humaines, et autant de cœurs prêts à servir de plus d'une façon leur pays.

Ce serait cependant ne pas répondre à l'appel qui nous est fait que de nous borner à ces idées générales. L'expédition aura des forces, des moyens de transport, une célérité jusqu'ici inconnus et bien précieux pour des essais d'acclimatation.

Nous donnons la liste des animaux et des plantes que la Société désire mettre en expérience.

Ce ne sont pas toutes des demandes nouvelles; plusieurs objets ont déjà été rapportés : que sont-ils devenus? La Société ne fait le procès de personne, mais elle doit, par cette déclaration, se défendre contre ceux qui lui reprocheraient de ne pas connaître ce qui a été fait avant elle.

ANIMAUX. — *Mammifères.*

Parmi les mammifères domestiques, nous avons en Europe des animaux de trait, des animaux de boucherie, des animaux d'industrie, si nous pouvons les appeler ainsi, puisqu'ils fournissent la laine aux manufactures; enfin, des animaux qui remplissent à la fois plusieurs de ces conditions.

Nous attirerons avec réserve l'attention sur les chevaux; nous croyons que quelques qualités que possèdent ceux de Chine, vitesse, sobriété, force, ils ne peuvent rivaliser avec nos anglais, nos algériens ou nos percherons.

Les bœufs d'Asie et de Chine sont connus, au point de vue scientifique du moins; leur emploi agricole l'est moins. Nous recueillerons avec plaisir quelques renseignements à cet égard. Au point de vue de la boucherie, nous pouvons les déclarer de prime abord inférieurs à ceux que, depuis plusieurs siècles, perfectionne l'intelligent appétit de l'Europe; nous le ferons avec bien plus de certitude, puisque les Chinois ne consomment que fort peu de viande de boucherie. Suivant les missionnaires, il y aurait, proportion gardée, dix bœufs en France contre un en Chine. Enfin, d'après les mêmes sources, Péking et toute la province recevraient de Tartarie une quantité prodigieuse de bœufs, de cerfs et de moutons.

Cependant il serait curieux de recueillir des renseignements précis sur la grande espèce de zébus qui vit dans les provinces intérieures.

On a cru longtemps que la race ovine était à peine représentée dans l'empire chinois. Cela est vrai pour les provinces du sud ; mais M. de Montigny et M. l'amiral Cécille ont appelé l'attention sur ces innombrables troupeaux qui, vivant dans les contrées du nord, fournissent des laines longues et courtes d'une grande finesse. Ces races présentent, en outre, une grande fécondité ; elles donnent deux portées par an ; enfin leur viande est très délicate. Les Chinois ne savent pas employer les laines; ils n'en font guère que des feutres grossiers. Mais l'Europe pourrait peut-être trouver là une rivale à l'Australie.

Les variétés de chameaux à longues et soyeuses fourrures, et les chèvres de Mongolie, qui portent des toisons analogues à celles de Cachemyre, mériteraient d'être connues.

Personne n'ignore que lorsqu'en France nous avons commencé à améliorer, par des croisements étrangers, notre espèce porcine indigène, un des éléments de transformation a été le cochon chinois. Tout le monde sait aussi que ce type se retrouve dans toutes les races si belles et si perfectionnées de nos voisins. Il serait curieux de connaître les variétés qui doivent être nombreuses en Chine, puisque le cochon est un des principaux éléments de la nourriture du peuple ; si même quelques-unes se distinguaient des autres, la Société serait heureuse d'en posséder quelques échantillons. Nous n'avons en France, sous le nom de cochon chinois, qu'une variété blanche et noire, au ventre touchant la terre, à tête longue, aux yeux petits, aux oreilles pendantes. Cette variété, bien engraissée, atteint le poids de 100 à 125 kilogr. Il serait bon d'expérimenter les autres, si toutefois, nous le répétons, on leur trouvait des qualités qui justifiassent leur importation chez nous.

Comment élève-t-on ces animaux, comment les engraisse-t-on, avec quelle nourriture? Peut-être y aurait-il là de précieuses indications pour nos fermes.

Parmi les mammifères sauvages, nous recommandons surtout l'étude des genres cerf et antilope.

Enfin, et sous toutes réserves, nous voudrions qu'on s'informât s'il n'y aurait pas, dans ce pays de la petite culture, de petits mammifères qui détruiraient les insectes en respectant les plantes. Mais, avant de les importer, il serait sage de s'assurer de leur innocuité autant que de leurs services, de peur qu'une fois chez nous ils n'excitassent les doutes et les débats que soulèvent la taupe et le moineau.

Oiseaux.

Dans les oiseaux, nous demanderons moins de renseignements et plus d'envois, d'abord parce qu'un essai est plus facile et moins coûteux, et ensuite parce que cette classe du règne animal a le privilége de plaire, alors qu'elle n'est pas un objet d'utilité.

Cependant ici encore nous voudrions qu'on remarquât l'aménagement des volières ou des basses-cours des Chinois, le mode d'élevage des oiseaux domestiques, leur nourriture et leur engraissement. Il y a peut-être là de bonnes recettes pour nos ménagères.

La Société désirerait :

1° Les différentes variétés de Faisans, sans en excepter celles qui ont déjà été domestiquées chez nous : le Faisan argenté (*Phasianus nycthemerus*), le Faisan à collier (*Ph. torquatus*), le doré (*Ph. pictus*), mais surtout le Faisan superbe dont la queue a un mètre et demi et plus de longueur ; le Faisan bronzé, le vénéré (*Ph. veneratus*), le versicolore (*Ph. versicolor*), celui de Sœmmering (*Ph. Sœmmeringi*);

2° Les différentes variétés d'Oies, de Canards, de Poules, de Pigeons, de Tourterelles ;

3° Les outardes, les perdrix des steppes de la Mongolie ;

4° Enfin nous répéterons ici ce que nous disions pour les mammifères insectivores ; il faudrait, avec la même prudence, rechercher ces utiles auxiliaires de l'agriculture dans la classe si variée des oiseaux.

Poissons.

« Les côtes de la mer depuis la grande muraille jusqu'au bout de la province de Canton, dit un missionnaire, les lacs, les étangs. les rivières donnent continuellement toute sorte de poissons. La pêche seule du grand Kiang équivaut à celle des plus grands fleuves de l'Europe réunis. »

La pêche sur les côtes de la Chine et du Japon nous a été racontée par nos confrères, M. l'amiral Cécille et M. le commandant de Maisonneuve, qui ont assisté à ce spectacle miraculeux. Il y a là un sujet d'osbervations curieuses, mais l'acclimatation n'y a pas directement droit d'étude.

Au contraire, notre Société attacherait le plus grand prix à connaître quelles sont les espèces de poissons d'eau douce les plus répandues; leurs qualités, leur genre de vie, voire même les préparations conservatrices auxquelles on les soumet. Il faudrait rechercher si la nature dans la multiplication de ces animaux n'est pas aidée par l'art, savoir si les Chinois ne nourrissent pas les poissons dans les viviers pour les engraisser, enfin, et c'est encore une remarque dont M. le baron Baude, notre confrère, a fait ressortir l'importance, s'ils n'ont pas pour tuer ces animaux des procédés meilleurs que de les laisser mourir.

Le prix auquel ces poissons se vendent sur les marchés de l'empire chinois serait à la fois une indication de leur plus ou moins grande abondance et des soins que demande leur multiplication. Pour avoir ces renseignements, il suffit, du reste, de prendre le bulletin sur le prix des denrées alimentaires publié par la police chinoise.

Insectes.

En première ligne sont les Vers à soie, ces artisans merveilleux de la Chine, qui caractérisent à eux seuls cet empire, puisque Pline connut par eux les Sères dont il connaissait à peine le nom.

Le Ver à soie du Mûrier n'a pas besoin d'être acclimaté. C'est une des richesses de la France, malgré les ravages de la maladie. La Société a déjà fait venir d'Orient de la graine pour régénérer nos magnaneries. Ce que désire la Société d'acclimatation, ce sont des renseignements sur les diverses méthodes d'éducation. Nous laissons ici la parole à M. Guérin-Méneville :

Ver à soie du Mûrier.

« Il serait très utile de savoir enfin si l'on élève en Chine, au moins dans certaines contrées, les Vers à soie du Mûrier en plein air, ou si cette assertion de quelques écrivains ne résulte pas de la confusion que des voyageurs peu versés dans la sériciculture auront faite en parlant des éducations du Ver à soie du mûrier et de celles des Vers à soie appelés sauvages.

Quelles sont les diverses variétés ou races de Vers à soie du Mûrier élevées en Chine ?

Dans les régions méridionales, il doit y avoir des races semblables à celles qui donnent jusqu'à cinq récoltes au Bengale, telles que celles qu'on nomme dans ce pays *Dessee*, *Chines*, *Nistry*. C'est à une de ces races qu'appartenaient des Vers à soie qui ont été élevés à la magnanerie expérimentale de Sainte-Tulle, et qui ont donné jusqu'à trois éducations de cocons jaunes et blancs mêlés, dans la même année.

Dans les régions tempérées, on doit élever des races annuelles.

Il serait utile d'apporter, pour les *Collections d'histoire naturelle appliquée et comparée* de la Société, des Vers à soie conservés dans l'esprit de vin, des cocons, des soies grèges et des tissus provenant *bien authentiquement* de chacune de ces races ou variétés, avec de bonnes notes et observations à leur sujet.

Il faudrait étudier sérieusement la manière dont on alimente les Vers à soie du Mûrier, et particulièrement les méthodes qui consistent à saupoudrer la feuille avec de la farine de riz cuit, avec une poudre impalpable faite avec des feuilles de mûrier séchées, etc., etc. Ces poudres ont déjà été envoyées par M. Forceroi, mais les essais n'ont pas été faits.

Il est à peine nécessaire de recommander des études sur les divers modes de culture des Mûriers suivant les climats, sur les espèces ou variétés de cet arbre qui sont appropriées à ces climats, etc., etc. On observera les modes de conservation, de transport et d'éclosion des œufs dans les diverses contrées. On notera tout ce qui a trait aux soins que l'on donne aux Vers à chaque mue, au mode d'encabanage et de coconières, au choix des papillons reproducteurs, etc., etc., en appréciant ainsi ce qui a été publié à ce sujet dans la traduction de M. Stanislas Julien, pour nous faire savoir si ces méthodes sont encore usitées en Chine ou si on les a modifiées depuis.

Quant à l'étude des maladies des Vers à soie et des moyens de les guérir ou de les prévenir, il est inutile d'insister ici sur la nécessité de s'y livrer, et sur l'importance que la Société attachera aux observations qui pourront être recueillies sur un aussi grave sujet.

Vers à soie dits sauvages.

Dans un rapport qui lui a été fait en mai 1854, au nom d'une commission, sur les Vers à soie sauvages de la Chine, la Société d'acclimatation a signalé à MM. les Missionnaires les recherches qu'il serait utile de faire. Ce rapport, suivi d'un questionnaire très détaillé, a déjà procuré à la Société d'excellents documents que nous devons à deux missionnaires apostoliques en Chine, MM. les abbés Bertrand et Perny, et qui sont publiés dans nos Bulletins, tome V, pages 272 et 317. Ces observations portent sur le Ver à soie du chêne, et seront précieuses pour nous guider quand nous recevrons des cocons vivants envoyés en assez grand nombre et dans d'assez bonnes conditions pour qu'il nous soit possible d'arriver enfin à acclimater cette espèce. Il suffit donc de renvoyer à ces documents pour qu'on soit mis complétement au courant de l'état où en est arrivée cette question, et pour qu'on sache ce qu'il reste à faire pour doter l'Europe de cette précieuse espèce.

On verra, dans l'extrait du journal du père d'Incarville, combien sont vagues les renseignements que ce missionnaire a pu donner sur les Vers à soie du Frêne et du Fagara, et l'on cherchera certainement à nous éclairer sur ces deux espèces, dont l'histoire est encore très embrouillée, et sur lesquelles on n'a pu rien apprendre depuis.

Ce qu'il y a à faire aujourd'hui, c'est de nous faire bien connaître ce que c'est que le Fagara et le Bombyx qui vit de cet arbre; de tâcher d'envoyer des graines de ce végétal, des cocons vivants de son Ver à soie, que l'on soupçonne être le gigantesque *Bombyx Atlas* des auteurs, et d'y joindre des cocons secs et de la soie *bien certainement* obtenue avec les cocons de cette espèce, qui est le géant des Vers à soie. Cette espèce, dit M. Natalis Rondot, se trouve en grande abondance dans les montagnes qui avoisinent Kanton.

Quant au Ver à soie du Frêne, il est certain aujourd'hui que c'est le vrai *Bombyx Cynthia* des auteurs, que j'ai introduit l'année dernière en France, grâce au zèle de M. le missionnaire Fantoni, et de MM. Griseri et Comba (de Turin), à qui il avait envoyé des cocons vivants de cette espèce. Il sera utile de vérifier en Chine si l'arbre que le père d'Incarville a appelé une espèce de frêne, est bien le vernis du Japon (*Ailantus glandulosa*), et d'indiquer les autres végétaux dont on nourrit ce Ver à soie, qui est polyphage comme la plupart des Bombyx.

Il va sans dire que des renseignements détaillés sur l'éducation en plein air ou autrement de ces diverses espèces, et sur le mode de culture des Fagaras, des Frênes ou Ailantes, et des autres arbres dont les feuilles nourrissent ces Vers à soie, seront recueillis, ainsi que tout ce que l'on pourra apprendre sur les qualités des soies qu'on en obtient, sur l'importance de ces récoltes, sur le mode de dévidage ou de cardage et de filage en filoselle de leurs cocons, et que des échantillons nombreux et soigneusement étiquetés de tous ces objets seront envoyés à la Société. »

Enfin, pour terminer la liste zoologique, nous recommandons ces insectes chargés pour ainsi dire par la nature de la fécondation des plantes ou du développement de certaines substances employées par l'homme ; entre tous ces insectes particulièrement ceux du genre *Coccus*, celui qui donne naissance à la laque et celui qui, sur le *Ligustrum lucidum*, produit une cire d'une blancheur éclatante et nacrée.

VÉGÉTAUX. — *Arbres fruitiers.*

1° Les *Vignes*. L'Empire chinois renferme un grand nombre de Vignes. Les habitants ne font pas de vin. Les raisins sont donc exclusivement réservés pour la table. Ce serait une riche acquisition pour le luxe mensaire de notre pays ; mais ce serait peut-être aussi une source de richesse pour notre Algérie, dont l'avenir vinicole est grand. Comme on ne peut méconnaître l'influence du plant sur la qualité du vin, peut-être ces espèces toutes nouvelles créeraient des vins nouveaux. La Vigne est une plante robuste ; il faudrait donc en envoyer beaucoup de pieds, emballés grossièrement, et seulement pour quelques espèces, réputées les meilleures, recourir à un emballage plus difficile et plus coûteux. On planterait ces Vignes en Algérie et dans le midi de la France ; les espèces les plus rustiques pourraient être essayées en Bordelais et en Bourgogne. La Vigne pousse rapidement : dans quelques années on pourrait savoir si l'on doit donner suite et extension à ces expériences ou y renoncer complétement.

2° Les diverses espèces d'Orangers et de Citronniers. Entre autres nous signalerons le *Citronnier à fruits* digités (Fingerred Citron), qu'on sert sur les tables à Chang-haï ; le Kum-Quat (*Citrus Japonica*), espèce de Citronnier nain se couvrant de fruits de la grosseur d'une Groseille à maquereau qui servent à la fabrication de conserves estimées : un pied de cette variété a été rapporté en 1846 par M. Fortune ; le Citronnier à petits fruits (*Citrus microcarpa*, Bunge), peut-être le même que le précédent. Un des caractères de ces deux familles est de ne vivre que sous une latitude assez chaude. On sait que ces végétaux ne portent pas de fruits en France, si ce n'est dans le Midi. Il paraît qu'il y a en Chine des espèces qui supportent mieux le froid, et particulièrement celle que nous venons de citer. On comprend quel serait pour nous le prix d'une telle acquisition ; aussi invitons-nous les voyageurs à nous envoyer des fruits, des graines et des boutures en serre portative.

3° Les diverses espèces de *Figuiers* (forestières ou comestibles). Ces espèces auraient, comme les Citronniers de Chine, une plus grande rusticité que celles du continent européen (graines et boutures).

4° Le Coignassier commun de Chine (*Cydonia Sinensis*, Thouin).

5° Les Grenadiers (diverses variétés) (fruits, graines et boutures).

6° Les diverses espèces de Châtaigniers (fruits).

7° Le Pêcher (noyaux et boutures) de Chang-haï. Cette variété a été apportée par M. Fortune. Les fruits peuvent présenter jusqu'à 28 centimètres de circonférence.

Nous rappellerons qu'il y en a un grand nombre de variétés. Il faudrait choisir les meilleures, et celles seulement qui ne feraient pas trop mauvaise figure à côté des magnifiques produits de notre horticulture française.

8° Le Vampi.

9° Les espèces et variétés de Pruniers, Pommiers, Poiriers.

10° Nous signalerons aussi, d'après M. d'Hervey-Saint-Denys, plusieurs arbres du genre *Xylopia* qui produisent de bons fruits connus des Anglais sous le nom de *Custard-Apples*.

11° Les Mangous ou Manguiers dont les fruits sont aussi estimés en Chine que ceux du pêcher en Europe. L'écorce et la racine auraient des propriétés toniques très énergiques et la résine de l'arbre serait, dit-on, un puissant antisyphilitique. Cet arbre, habitant des contrées chaudes, ne pourrait convenir qu'à l'Algérie.

12° L'arbre à thé devra être aussi, peut-être, l'objet d'un examen définitif. L'opportunité de cette acclimatation a été plusieurs fois discutée, et nous semble plus que douteuse.

Ce n'est pas que les observations manquent à ce sujet. M. Force Roi a fait paraître des documents importants sur la culture du thé, et le nom de l'auteur témoigne du mérite du livre. Un traité sur cette culture, écrit en chinois, est en ce moment entre les mains de M. Stanislas Julien. Enfin dans le volume *Agriculture* du *Report of the commissionner on patent for the year* 1857, est un long article sur la possibilité d'acclimater l'arbre à thé aux États-Unis, avec un exposé détaillé du sol et du climat qui lui conviennent, de l'aménagement des plantations, enfin de la manipulation des feuilles.

En tout cas, la Société ne demande pas d'envois d'arbres à Thé. Il y en a eu plusieurs pieds dans le jardin des Plantes d'Angers où ils ont végété, du reste, assez mal. Il y en a un grand nombre à la Pépinière d'Alger où ils ne semblent guère mieux réussir.

La Société recevrait avec plaisir un aperçu de l'arboriculture chinoise. La taille, la greffe et les autres opérations familières à nos jardiniers sont-elles pratiquées en Chine comme chez nous?

Arbres forestiers.

La richessse des essences forestières de l'Europe ne nous laisse que peu de chose à envier au continent asiatique. Mais pour notre Algérie, nous avons tout à lui demander. Le manque de bois de construction est un des obstacles les plus sérieux aux progrès de la colonisation. Nous signalerons comme espèces les plus utiles :

1° L'Érable à feuilles tronquées (*Acer truncatum*, Bunge). Il y en a de grands bois aux environs de Pékin.

2° L'Orme nain, assez généralement répandu en Chine.

3° Le Saule soupirant (*Sighing Willow*),

4° Le Chêne de Chine (*Quercus Sinensis*, Bunge). Cet arbre a le port et les feuilles du Châtaignier.

5° Le Chêne à feuilles obovales (*Quercus obovata*, Bunge). Pour envoyer en France ces deux espèces et toutes les autres que l'on pourra se procurer, il faut semer en serre portative les glands récoltés à parfaite maturité. Semer immédiatement après la récolte.

6° Le Siraga des Japonais (*Pinus Massoniana*).

7° Le Pin de Chine (*Pinus Sinensis*).

8° Le Cephalotaxus Fortunii.

9° Le Pin aquatique, répandu sur le bord des cours d'eau. Pour toutes ces Conifères, il faudra récolter les fruits quelque temps avant la chute des graines et les laisser mûrir et sécher avant l'emballage.

10° Le *Nan-Mou :* c'est une sorte de Cèdre, à bois très dur et très solide; il atteint une grande hauteur. Les Chinois le préfèrent pour les constructions aux essences européennes, qui, du reste, se trouvent aussi chez eux.

11° Le *Tie-ly-Mou*, ou arbre de fer, dont le nom indique la dureté.

12° Le *Tse-Tan*, ou bois de Rose, qui en Algérie rivaliserait avec le *Thuya*, pour la fabrication de ces meubles que nous admirions à l'Exposition universelle.

13° La Société a déjà demandé des boutures de Saule pleureur; l'individu femelle est très répandu en Europe; nous ne connaissons pas l'individu mâle très commun en Chine. Notre confrère M. l'amiral Cécille nous a appris qu'il l'avait apporté lui-même, et qu'il l'avait planté à Versailles. Cet arbre n'a pas été retrouvé. Nous en désirerions quelques boutures.

Plantes alimentaires.

1° Les diverses variétés du *Lablab vulgaris*, espèce de Haricot dont la culture serait très appropriée en Algérie.

2° Les diverses variétés de Melons, Courges et Pastèques.

3° Les Canneliers de la Chine (*Aglaia odorata* et *Murraya exotica*).

4° La Châtaigne d'eau (*Trapa bicornis*). Il ne faut emballer les fruits qu'à parfaite maturité et lorsqu'ils sont bien secs.

5° Les différentes céréales. On sait que de toutes, le Riz est le plus cultivé en Chine ; il fait la richesse de plusieurs provinces, et des plus peuplées. Comment cette culture n'a-t-elle pas en Chine sur les populations l'effet funeste qu'elle a sur les Européens? « Ni (1) les Chinois, ni les voyageurs ne font mention de ces fièvres endémiques si redoutables à l'entour de nos petites rizières d'Europe. A quoi donc peut tenir cette différence dans les résultats?... Voilà ce qu'il importerait de demander à la Chine, et ce qui compenserait largement les plus grands sacrifices. »

Parmi les nombreuses variétés de Riz, il y en a une qui a reçu le nom de Riz sec. La Société en a plusieurs fois essayé la culture, sans beaucoup de succès. Nous craignons que l'on ait pris ce nom trop à la lettre. Il faut à ce riz de nombreuses irrigations, et c'est le mode d'irrigation qu'il faudrait apprendre.

Peut-être même, comme le pensent des botanistes illustres, n'y a-t-il entre ce Riz et l'autre qu'une différence de culture?

6° Nous ne saurions trop insister sur l'importance des plantes farineuses; elles sont et seront toujours pour l'Europe une richesse inestimable. Aussi, avec quel empressement n'a-t-on pas accueilli l'Igname, digne, du reste, à bien des titres, de cet enthousiasme. Cependant la difficulté de l'extraction est un obstacle réel à la grande culture, et les moyens proposés pour l'empêcher de s'enfoncer sont ingénieux dans un jardin, et impraticables dans un champ. Si l'on pouvait trouver un Igname de forme ronde ou au moins ovale, tel qu'on en avait annoncé à Chang-haï, ce serait un service véritable rendu à l'agriculture européenne. A défaut d'Igname, nous désignons à la plus scrupuleuse recherche les différentes variétés de patates ou toutes autres plantes farineuses, à la condition qu'elles soient rustiques; parce que leur bienfaisante action sur tout un peuple cesse alors que, objets d'utilité, elles demandent les soins d'un objet de luxe.

Plantes fourragères ou médicinales.

1° Notre confrère, M. Chatel, nous a signalé, il y a trois ans, une variété de Coronille servant en Chine aux mêmes usages que le Trèfle chez nous. Il est à regretter qu'il n'ait pu nous indiquer les régions où elle est cultivée.

(1) D'hervey Saint-Denys, *loc. cit.*

Nous insistons ici sur l'utilité qu'auraient pour nous, dans un pays où l'élevage prend tous les jours de grands accroissements, tous les fourrages artificiels. Nous en avons plusieurs, et cependant il est des terrains où aucun ne réussit; tous demandent plus ou moins un terrain calcaire; il faudrait surtout rechercher des plantes qui pourraient croître abondamment sans cet élément géologique.

2° Les différentes espèces de Rhubarbe.

3° Les différentes espèces de Tabac.

4° Le Gen-seng, plante célèbre qu'on a eue autrefois en Europe, et qu'on y a perdue; les vertus médicinales qu'on lui prête la font vendre au poids de l'or. Ce n'est pas que nous ayons une foi aveugle dans ces panacées exotiques; les charlatans de tous les pays abusent facilement de la crédulité des voyageurs. Cependant, comme la Société a nommé une Commission médicale sous la présidence de M. Cloquet, nous devons recommander l'étude des plantes médicinales et de leurs propriétés.

D'ailleurs le nom du praticien célèbre qui surveillera le service de santé de l'expédition de Chine, M. Poggiale, l'instruction des jeunes médecins qui seront, nous l'espérons, nos zélés collaborateurs, nous prémunissent à la fois contre la crédulité et contre la supercherie.

La façon la plus simple de se procurer des échantillons de la matière médicale chinoise, serait d'aller dans les pharmacies des grandes villes et d'y faire une collection de médicaments en se faisant indiquer la vertu de chacun.

Plantes d'agrément.

Plusieurs des ornements de nos jardins nous sont venus de la Chine : la Reine-Marguerite, la Pivoine arborescente, l'Hortensia, la Glycine, et plus récemment la *Fortunea Sinensis*, du nom du voyageur qui a étudié la végétation chinoise.

Il est une autre plante que les Européens qui ont voyagé en Chine réclament pour embaumer leurs jardins. C'est la *Kwei-Wha* (*Olea fragrans*). Nous pensons qu'elle s'acclimaterait facilement chez nous.

Végétaux utiles à l'industrie.

1° Les laques. Les arbres sur lesquels le *Coccus laqua* produit cette précieuse résine se trouvent surtout dans l'Inde, sur les rives du Gange, et dans le royaume de Pégu. Mais le commerce de laque fait par la Chine donne à penser que ces arbres croissent aussi dans l'Empire chinois ; ce sont :

Le *Pipal* (Figuier des pagodes),

Le *Buhr* (Figuier de l'Inde),

Le *Beyr* (*Rhamnus Jujuba*),

Le *Praso* (*Praso hortorum malabaricum*),

Le *Figuier élastique*,

Le *Croton lacciferum* (famille des Euphorbiacées).

2° Les différents *Bambous du nord de la Chine*. Ces arbres végéteraient parfaitement sous le climat de Paris. Les usages si multipliés auxquels se prête le Bambou, dans le commerce et dans l'industrie, nous dispensent d'insister sur les précieux avantages d'une telle acquisition.

3° Le *Bambou sacré* (*Tein Chok*). Il faut avec le plus grand soin mettre en serre portative les boutures de ce précieux végétal.

4° Les *différentes espèces de Vernis de la Chine*.

Il faudrait aussi avoir des indications sur la préparation des Vernis, sur leurs usages ; savoir, enfin, si ces substances, pour la plupart vénéneuses, n'ont pas une action toxique sur les ouvriers qui les travaillent.

5° L'arbe à cire.

6° L'arbre à savon.

7° L'arbre à suif.

Il faudrait bien faire connaître le mode d'extraction et les usages spéciaux de ces produits.

8° Les différentes plantes qui servent à la fabrication des papiers. Dans ce moment où les matières qui servent chez nous à cette fabrication deviennent de plus en plus rares, il serait important d'apprendre à préparer ces papiers remarquables à la fois par leur finesse et leur solidité.

9° La plante qui fournit la teinture bleue employée par les

Chinois et connue sous le nom générique de *Lan;* elle croît en grande quantité dans les environs de Kanton; c'est une espèce de *Ruellia*, confondue à tort avec les indigotiers. M. Natalis Rondot (1) l'a vu employer dans les teintureries chinoises. Il faudrait en faire venir quelques pieds en France pour bien la déterminer.

La Commission a cru devoir terminer son travail par des instructions sur la manière de conserver les plantes vivantes et de les envoyer en Europe. Elle s'est servie des instructions publiées par le Muséum d'histoire naturelle auxquelles elle a même emprunté littéralement la description de plusieurs appareils.

Sans doute il serait préférable qu'on adjoignît à l'expédition un ou deux jardiniers qui connaîtraient bien des détails de pratique que l'on ne peut faire entrer dans cette notice ; nous avons voulu donner néanmoins quelques renseignements indispensables.

Les végétaux vivants, suivant leur nature, peuvent être emballés de quatre manières différentes.

1° Les oignons, les bulbes, les tubercules, doivent être mis dans une caisse, et recouverts de mousse bien sèche ou de sable fin et également très sec. de façon à combler tous les interstices. Il faut avoir soin de les dégarnir de toutes les feuilles et de toutes les portions de tige dont la décomposition pourrait les altérer. Il est essentiel de ne les arracher qu'à parfaite maturité, et de ne les emballer définitivement que dépouillés des parcelles de terre adhérentes, et après avoir été exposés pendant quelques jours à un air sec et tempéré. C'est ainsi qu'en 1855 nous avons reçu de Chine, par les soins des missionnaires et de M. de Montigny, deux caisses de bulbilles d'Ignames qui ont tous parfaitement réussi.

2° Les Vignes et les essences les plus robustes devront être arrachées après la chute des feuilles, et dépouillées de la terre adhérente aux racines. Ces racines devront être ménagées avec le plus grand soin, et enveloppées de mousse bien sèche.

(1) Voy. *Bulletin*, 1858, p. 206.

Toute la plante devra être recouverte d'une épaisse couche de paille, ou de tout autre corps mauvais conducteur de la chaleur. Il serait bon de recouvrir tout le paquet avec un tissu propre à le garantir de l'humidité. Les végétaux ainsi emballés pourront résister à un voyage de six mois, surtout si à leur arrivée on emploie quelques précautions pour les planter.

3° Quelques végétaux, les Bambous par exemple, doivent être coupés à la longueur d'un mètre, et stratifiés par couches alternatives avec la terre même du lieu d'extraction dans de simples caisses de bois; ils se conservent ainsi pendant plus d'une année.

Enfin pour les végétaux les plus délicats, « on se sert de caisses vitrées, véritables serres de voyage, qui portent le nom de *caisses à la Ward*. C'est une caisse oblongue dont les deux petits côtés, taillés supérieurement en pignon aigu, supportent deux châssis vitrés, formant un toit à deux pentes. »

Cette caisse doit être supportée par quatre pieds de quelques centimètres, afin d'empêcher l'humidité de pénétrer par le fond. Elle doit être construite en bois sec et dur. On devra préserver, par un grillage, les châssis vitrés, des accidents du voyage. Pour la commodité du transport, ces caisses ne doivent pas avoir plus d'un mètre dix centimètres de long, et plus d'un mètre de haut.

Avant de placer les plantes, on étale au fond de la caisse une couche de terre forte, assez humectée pour se bien appliquer sur le fond de bois, puis on place les plantes dans de petits paniers de jonc ou d'osier remplis de terre végétale. La terre où elles étaient avant d'être arrachées, est la meilleure. On peut, du reste, supprimer les paniers et placer les végétaux dans une couche de terreau épaisse de 14 à 20 centimètres.

Pour empêcher que les plantes ne soient déplacées par les secousses du voyage, on recouvre la terre d'un lit de paille ou de jonc, qu'on assujettit aux parois latérales de la caisse.

Une caisse peut contenir de quinze à trente plantes, selon leur dimension; on peut en outre semer, entre ces plantes, une grande quantité de graines qui conserveraient difficilement leurs facultés germinatives jusqu'au terme du voyage.

Il faut, avant de clore la caisse, laisser aux plantes le temps de s'enraciner et de reprendre. Au moment de la fermer, il faut que la terre soit bien arrosée mais sans humidité surabondante.

On propage la plupart des arbres dont il a été question, par bouture. Les précautions à prendre pour les boutures sont exactement les mêmes que celles indiquées ici pour les végétaux vivants. On devra attendre qu'elles soient reprises pour fermer la caisse.

La caisse doit être hermétiquement close ; tous les interstices doivent être bouchés avec du mastic. Il faut autant que possible tout recouvrir d'une couche de couleur ou de vernis.

La caisse ne doit pas être ouverte pendant le voyage. Pendant tout le temps on la tiendra exposée au grand jour; la lumière est essentielle à la vie des végétaux ; on pourra cependant, si l'on est surpris par de trop grands froids, jeter pendant quelque temps une toile sur la caisse.

Il faut, autant que possible, calculer le voyage, pour que les végétaux arrivent après le mois de mars, et avant le mois d'août ; ils pourront ainsi végéter dès leur arrivée sous notre climat.

4° Un grand nombre de graines se conservent sans altération pendant une année et même plus, et germent facilement au bout de ce temps, si on les a recueillies parfaitement mûres et si on les a bien maintenues au sec. Mais, lors même que les graines sont récoltées à maturité, il est bon, avant de les emballer, de les exposer quelques jours à un air sec et tempéré, pour leur retirer toute humidité.

Les graines contenues dans des fruits charnus ne doivent pas être extraites de leur enveloppe pulpeuse. Il faut écraser les fruits, et les faire sécher au soleil. Les graines, ainsi préservées par cette enveloppe naturelle, arrivent toujours en bon état.

C'est seulement lorsque les graines sont parfaitement sèches qu'on les place dans du papier collé et qu'on les enfonce dans des vases de verre, de fer-blanc ou de poterie, que l'on bouche hermétiquement. On peut aussi les emballer dans des sacs de papier, que l'on recouvre d'une toile cirée et cachetée, et que l'on place dans une caisse.

Il est un troisième procédé encore plus simple, qui consiste à enfermer les graines, préalablement bien séchées, dans du papier épais, non collé, puis à les mettre dans des sacs de toile que l'on suspend dans une cabine du navire. Mais ce procédé ne peut être employé que lorsque les graines sont confiées à un voyageur qui en a soin pendant tout le voyage.

Enfin, les graines qui contiennent des matières grasses, et qui perdent facilement leurs propriétés germinatives, doivent être plantées dans des caisses à la Ward, au milieu des végétaux auxquels elles ne nuisent en rien. Il suffit même de les mettre dans une caisse ordinaire au milieu d'une grande quantité de terre et complètement à l'abri du contact de l'air.

Il résulte de l'ensemble de ces instructions que les arbres, les plantes et les graines envoyés des pays étrangers doivent être garantis surtout de *l'humidité*. C'est l'humidité qui altère la plupart des envois faits en Europe. En outre, on doit, autant que possible, soustraire ces végétaux aux variations brusques de température que traverse nécessairement un vaisseau venant de Chine en France. Les moyens indiqués ici sont ceux que l'on emploie le plus ordinairement ; mais les circonstances et l'état de l'industrie en certains pays en rendront l'exécution impossible. MM. les voyageurs y suppléeront heureusement, en ayant toujours en vue les conditions d'hygiène végétale que nous venons de rappeler.

On ne saurait non plus assez recommander d'envoyer une liste exacte des plantes expédiées, et de marquer chacune de façon qu'on la reconnaisse facilement avec l'aide du catalogue.

Il serait encore plus à souhaiter que pour les végétaux on recueillît un échantillon de chaque espèce, et qu'on le plaçât entre des feuilles de papier ; on constituerait ainsi un véritable herbier qui serait précieux, car nous pourrions connaître non-seulement les plantes qui pousseraient en France, mais encore nous déterminerions celles qui ne réussiraient pas pour les redemander d'une façon certaine.

Enfin, et la Commission insiste sur cette recommandation,

il serait de la plus haute utilité de faire écrire en caractères chinois le nom de chaque espèce. Les noms donnés d'après la prononciation sont sujets à erreur ; et les voyageurs savent par expérience de quel secours cela leur est dans leurs recherches.

Les animaux voyagent plus difficilement que les plantes ; ils ont besoin de soins journaliers et d'une surveillance incessante ; aussi les envois d'animaux, qui sont d'ailleurs plus coûteux, seront-ils beaucoup plus rares que les envois de végétaux.

Il est difficile et en même temps inutile de donner des conseils à cet égard, car nous pensons que ceux qui se chargeront de cet embarras ne sont pas novices dans cet art à la fois si minutieux et si agréable.

Lorsque les animaux sont en captivité, il faut leur donner le moins de liberté possible, car ne pouvant pas jouir à leur aise de cette liberté relative, ils ne s'en servent que pour leur mal ; les oiseaux surtout s'accommodent très bien d'une étroite habitation ; mieux vaut les mettre dans de petites cages que l'on pourra à volonté soustraire aux variations de température, couvrir d'un voile ou exposer au soleil.

Est-il besoin de recommander de donner aux animaux tous les soins de propreté possibles ; enfin une nourriture qui rappelle celle de leur pays.

Tel est, Messieurs, le résultat des recherches de votre Commission.

Elle pense que des études générales sur le climat, l'agriculture et ses divers procédés sont une introduction nécessaire aux expériences d'acclimatation.

Dans le règne animal, les Chevaux, les Bœufs, les Moutons, les Chèvres, sous le triple rapport du travail, de l'alimentation et de l'industrie, ont appelé son attention.

Les oiseaux, représentés surtout par l'ordre des Gallinacés, peuvent fournir des types nouveaux à nos basses-cours et à nos volières.

L'importance croissante que prend la pisciculture, grâce aux travaux de plusieurs savants et entre tous de M. le professeur Coste, nous ont fait consacrer un questionnaire à cette branche de l'alimentation chinoise.

Les différentes variétés de Vers à soie, dont la Société s'occupe et s'est toujours occupée avec la plus grande attention, devaient nécessairement être signalées aux explorateurs de la Chine, leur véritable patrie.

Dans le règne végétal, les arbres fruitiers, les essences forestières dont notre Algérie a si grand besoin, les plantes alimentaires et en particulier les plantes farineuses, les végétaux propres à l'industrie et, entre tous ceux qui fournissent des matières tinctoriales, ont été successivement passés en revue.

Et dans toutes ces différentes branches de la science, votre Commission a reconnu que la Chine fournirait aux explorateurs une ample moisson de faits curieux, d'utiles renseignements et de précieuses importations.

Elle eût peut-être accompli plus complétement sa tâche, si elle n'eût manqué des lumières de quelques-uns de ses membres. Dans le cours de ses recherches elle s'est souvent aperçue de l'absence d'un homme dont elle espérait du moins n'être pas privée toujours. Au moment même où ce travail s'achève, M. Vilmorin, qui, il y a à peine quelques jours se promettait encore d'y prendre part, vient de nous être enlevé. Les services qu'il a rendus à l'agriculture française sont connus de tous. Mais pour apprécier tout ce que perd notre Société, il faut, comme nous, avoir vu à l'œuvre cet esprit actif, cette intelligence délicate, avide de science et désireuse du bien public.

M. de Montigny, retenu par le mauvais état d'une santé qui heureusement s'améliore tous les jours, n'a pu assister à nos séances. Notre infatigable collègue a voulu cependant prendre part à notre travail; il nous a écrit une lettre dont nous avons avec grand soin fait entrer la substance dans cet exposé. Nous avons pensé néanmoins que nous ne pouvions mieux terminer ce rapport qu'en donnant copie de ce précieux document. Nous avons cru que ce serait une sanction de nos études, non-seulement à vos yeux, mais aux yeux de tous les hommes qui s'occupent de ces questions auxquelles le nom de M. de Montigny est si glorieusement attaché.

Copie d'une lettre adressée à MM. les Membres de la Commission par M. de Montigny.

Messieurs,

Pour utiliser pendant la courte durée de notre expédition actuelle en Chine, les recherches de la commission scientifique, il semblerait important d'éviter d'explorer le littoral de la mer, depuis Canton jusqu'aux rives nord du Yangtsé-Kiang; toute la partie sud de ce littoral ne pouvant fournir aucuns végétaux d'une acclimatation possible en France, et la partie nord ayant été explorée depuis nombre d'années ne saurait offrir de nouvelles espèces végétales.

La commission scientifique aurait néanmoins un grand service à rendre en recueillant dans le nord de la province du Kiang-Nan une quantité assez considérable de racines de toutes les espèces de bambous de montagne; ces racines, dont les plus grosses n'atteignent pas au delà de 2 à 3 centimètres de diamètre, sont très ligneuses et tracent à différentes profondeurs, suivant la nature du sous-sol, à des distances considérables; leurs nœuds sont très rapprochés et de chacun d'eux s'élèvent des jets qui forment en quelques années des bois très touffus.

Leurs conservation et envoi en France sont des plus faciles, il suffit de les couper à la longueur d'un mètre, et de les stratifier par couches alternatives, avec la terre même du lieu d'extraction, sans les arroser, dans de simples caisses de bois; elles peuvent se conserver ainsi pendant plus d'une année, et leur acclimatation est certaine dans toutes nos provinces du Midi, et peut-être même du centre de la France.

Des plants des différentes conifères, de l'arbre appelé en chinois *pako*, avec leurs graines stratifiées, auraient aussi une acclimatation facile en France.

A partir des rives du nord du Yangtsé-Kiang, d'utiles et précieuses conquêtes peuvent être faites jusqu'au delà de la province de Léaotong, parmi les plantes herbacées et arborescentes, et surtout parmi les animaux.

Mais les recherches le plus à désirer et celles qui sembleraient devoir promettre le plus de résultats, se feront certainement dans les provinces centrales de l'est et de l'ouest du vaste empire de la Chine.

Je recommanderais particulièrement aux recherches des explorateurs, parmi les animaux à importer en France, les Chameaux à longues et soyeuses fourrures, et les Chèvres jaunes de la Mongolie, ainsi que les grandes Outardes, Perdrix et autres gallinacés des steppes mongoliens.

Mgr Daguin, vicaire apostolique de la Mongolie, se fera un plaisir d'aider nos explorateurs à se procurer ces différentes espèces.

Dans les provinces intérieures et dans le Chan-si et le Chen-si, je recommanderais les différentes variétés des races bovines et particulièrement la grande espèce de bœufs à bosses, dont le grand développement des muscles ferait un excellent sujet de boucherie.

Je recommanderais aussi les grands gibiers de montagnes, Chevreuils, Daims et Cerfs.

Dans la Chine, en tirant vers le Kanson, on peut se procurer les Fauves à musc, et peut-être quelque nouvelle variété d'Yaks.

Mgr Chiaise, vicaire apostolique du Chen-si, s'empressera d'aider nos explorateurs, dans leurs recherches dans ces régions.

Le Cheval tartare et mongolien offre de précieuses variétés dans la race chevaline, dans les provinces de la Mandchourie (Léatong) et en Mongolie.

La facilité des transports qu'offrent les nombreux bâtiments de l'État, actuellement dans les mers de Chine, permettrait aussi de faire d'utiles envois des nombreuses variétés de la race porcine.

Nul pays au monde ne possède autant que la Chine de variétés dans les grandes et petites espèces d'animaux insectivores; ce sont presque tous de mélodieux siffleurs revêtus des plus brillants plumages. Il serait donc à désirer de ne pas négliger ces petits volatiles, qui rendraient, en les embellissant, d'utiles services dans nos campagnes.

Tels sont, Messieurs et chers collègues, les quelques renseignements que mon état de maladie m'a permis de réunir en ce moment; veuillez en excuser la brièveté.

Recevez l'assurance, etc. C. DE MONTIGNY.

N. B. — Je ne dois pas oublier de recommander vivement à nos explorateurs les innombrables espèces de poissons fluviatiles de la Chine, et notamment le Gourami, ou poisson noir, du nord du Kiang-nan, et le Poisson-Vache du Kiang-si, qui se nourrit avec l'herbe des champs et dont l'éducation ne dure que six mois; ces deux espèces sont vivipares. Je recommanderai encore une grande espèce de Poissons qui se trouve dans le nord du Kiang-nan et ressemble à l'Esturgeon, ainsi qu'une autre de très grande taille, dont la chair est rosée, et qui offre beaucoup de rapports avec le Saumon. Les magnifiques Crabes d'eau douce du Kiang-nan et les Tortues à carapaces molles, qui constituent un excellent manger, seront aussi d'une acclimatation facile en France.

EXTRAIT DU PROGRAMME

Des Prix proposés par la Société.

N° VIII. Acclimatation accomplie d'une nouvelle espèce de Ver à soie, produisant de la soie bonne à filer.

PRIX. — Une médaille de 1000 francs.

N° IX. Acclimatation en Europe ou en Algérie d'un Insecte producteur de cire, autre que l'Abeille.

PRIX. — Une médaille de 500 francs.

N° X. Création de nouvelles variétés d'Ignames de la Chine (*Dioscorea batatas*), supérieures à celles qu'on possède déjà, et notamment plus faciles à cultiver.

PRIX. — Une médaille de 500 francs.

Paris. — Imprimerie de L. MARTINET, rue Mignon, 2.

www.ingramcontent.com/pod-product-compliance
Ingram Content Group UK Ltd.
Pitfield, Milton Keynes, MK11 3LW, UK
UKHW022141260726
13993UKWH00005B/2089

9 782329 458663